画给孩子的自然通识课

动物语言，简单又明了

童心　编绘

U0221079

化学工业出版社

·北京·

图书在版编目（CIP）数据

动物语言，简单又明了 / 童心编绘 . —北京：化学工
业出版社，2024.7
（画给孩子的自然通识课）
ISBN 978-7-122-45454-6

Ⅰ . ①动…　Ⅱ . ①童…　Ⅲ . ①动物－儿童读物
Ⅳ . ①Q95-49

中国国家版本馆 CIP 数据核字（2024）第 078234 号

DONGWU YUYAN, JIANDAN YOU MINGLIAO

动物语言，简单又明了

责任编辑：隋权玲　　　　　　　　装帧设计：宁静静
责任校对：王鹏飞

出版发行：化学工业出版社（北京市东城区青年湖南街 13 号　邮政编码 100011）
印　　装：北京宝隆世纪印刷有限公司
880mm×1230mm　1/24　印张2　字数20千字　2024年7月北京第1版第1次印刷

购书咨询：010-64518888　　　　　售后服务：010-64518899
网　　址：http://www.cip.com.cn
凡购买本书，如有缺损质量问题，本社销售中心负责调换。

定　　价：16.80 元
版权所有　违者必究

目 录

瞪羚行动敏捷,四肢矫健,奔跑速度非常快。遇到捕食者攻击时,瞪羚会迅速逃跑,最快时速可达90千米。

尽职尽责的哨兵

草原犬鼠是一种啮齿动物。当在外面活动或觅食的时候，它们中的一些成员会充当哨兵，如果有猎食者出现，哨兵会发出吠叫通知其他成员，然后大家快速地钻进离自己最近的洞穴里。

自然界中危机四伏，任何动物在任何时候都有被攻击的可能。所以，在觅食、饮水或休息的时候，动物们都会安排哨兵巡逻放哨，以保证能及早发现危险并快速逃跑。

瞪羚生活在辽阔的非洲热带草原上，喜欢结成小群生活，对于食草动物来讲，群居是最好的生活方式，因为这样才能有更多的活命机会。一只瞪羚一边吃草一边警惕地观察着周围，它是这个群体中的哨兵。一只猎豹正偷偷地向瞪羚群靠近，哨兵意识到这个家伙会给它的族群带来灾难，于是，它边跑边腾跃，同时发出叫声来通知其他成员。

爸爸的守护

长脚雉鸻（héng）宝宝是由爸爸孵化出来的。当有危险时，雉鸻爸爸发出警报，小雉鸻们聚在一起，雉鸻爸爸将它们卷到翅膀下用翅膀庇护它们，然后迅速带领幼鸟离开险境。

母爱如盾

细尾獴就是我们通常说的猫鼬。细尾獴妈妈带着孩子在洞穴外面玩耍时会直立起身体四下张望，时刻准备防御可能出现的威胁。

安全的港湾

海鬣（liè）蜥从冰冷的海水中觅食归来，它们聚集在裸露的岩石上休息。在睡觉时，部分海鬣蜥会负责放哨。如果有老鹰飞过，哨兵就会叫醒熟睡的同伴。

小心，有危险！

无私的警报

狮子或豹正偷偷地靠近羚羊群，尽管这和狒狒毫无关系，但狒狒还是感到有威胁。于是，它们边拍地边吼叫，像是在喊："滚远点，可恶的猎食者！"羚羊群读懂了狒狒的意思，纷纷赶紧逃跑。

在南美洲亚马孙广袤的热带雨林中，猴子们都生活在高大的树上，这使它们更容易避开很多捕食者。

一群蜘蛛猴正在树间玩耍，其中一只蜘蛛猴突然发出了像狗一样的吼叫，所有成员一下子变得紧张起来，并快速地向更高的地方爬去。原来这只蜘蛛猴发现了热带雨林中凶猛的捕食者——美洲豹，它用吼叫声告诉其他伙伴："小心，有危险！"接下来，所有蜘蛛猴都吼叫起来，声音传出很远很远，其他动物也得到了危险来临的信息，纷纷躲藏到安全的地方。

互帮互助

鸵鸟、斑马和羚羊经常杂居在一起，通过相互提醒来躲避敌人。鸵鸟身材高大，视野开阔，当受到威胁的时候，鸵鸟会发出低沉而响亮的叫声，斑马和羚羊接到警报后会迅速做出反应。

犀牛和犀牛鸟

犀牛鸟在犀牛身上跳来跳去，寻找美味的寄生虫吃。犀牛鸟是犀牛的哨兵，它一旦发现危险，便会通过叫声和惊飞的动作来提醒犀牛。

蜘蛛猴自卫反击的能力很弱，有
危险时，它们投掷树枝、烂果子和粪
便等驱赶入侵者。

比比谁有魅力

两只雄性突眼蝇相遇了，它们两头相对，通过比较两眼间距来决定交配权。眼间距长的一方获胜。

雄性动物为了获得与更多雌性交配的机会，它们会不断提升自身的魅力，从气势上压倒众多竞争者。动物和人类一样，喜欢展示强壮的体魄和漂亮的外表来吸引异性。

短吻鳄的求偶现场充满浓厚的竞争氛围，所有雄性都用身体的振动制造水泡和水下噪声，一方面用来吸引雌性注意，一方面用来警告竞争者。短吻鳄用激起水流的咕隆声进行交流，至于交流的具体内容我们不得而知。

有吸引力的外表

在所有雌狮的眼中，雄狮的外表很重要。只要雄狮的体魄够健壮，脖子上的鬃毛足够长、足够浓密且有光泽，就能获得雌狮的芳心。

颜色信号

这只雄性军舰鸟鼓起红色的喉囊，向雌性发出明确的信号。这个红色喉囊会让雄性军舰鸟的魅力大增。

炫耀

中美洲的雄性秀丽伞鸟在求偶的过程中，参与竞争的雄性会展示自己的羽毛，羽毛越光亮鲜艳就越容易得到雌性青睐。

雄性短吻鳄求偶时制造出的咕隆声能传出约 1.6 千米远，水泡能高出水面约 0.6 米。

美妙的歌声

动物也会唱歌，它们的歌声并不是平淡无奇的，而是富有变化，有时高亢，有时低沉。

百灵鸟是生活在草原上的一种小型鸣禽，别看它们羽毛灰暗，非常不起眼，但它们却是最擅长唱歌的鸟类之一。在绿草如茵的草原上，百灵鸟常常能唱出连音乐家都难以谱成的美妙乐曲，用来吸引异性。

抒发爱意

座头鲸群居在一起，在迁徙的过程中，座头鲸用歌声告诉同伴它的位置。在繁殖期，雄性座头鲸和雌性座头鲸通过歌声抒发爱意。

配合默契的合唱

青蛙也是善于鸣唱的动物。平时，青蛙总是你一句我一句地对唱。当大雨过后，它们会变得特别活跃，鸣唱声此起彼伏，不绝于耳。青蛙的合唱并非各自乱唱，而是有一定的规律，有领唱、合唱、齐唱、伴唱等多种形式，互相紧密配合。

善于模仿

如果你见过嘲鸫（dōng）这种鸟，那么你一定会被它出色的模仿能力所折服。嘲鸫是最擅长模仿的鸟类之一，它能将人类发出的声音、发动机发出的声音和其他鸟类的鸣叫声等模仿得惟妙惟肖。

歌声优美

草丛中，雄蟋蟀发出鸣叫声，仿佛在告诉雌蟋蟀："我在这儿，快来啊！"雌蟋蟀听到雄性的鸣叫后，它会选择鸣唱得最好听的雄性。

百灵鸟可以飞到很高的地方鸣唱。

雄性之间

雄性动物之间会经常发生争执，有时是因为争夺领地，有时是因为争夺领导地位，有时则是为了争得更多的交配机会，它们的大部分矛盾都是通过斗殴来解决的。

一个狮群一般由一只雄狮、十几只雌狮及小狮子组成，而雄狮是唯一的领袖。雄狮通过撕咬打斗击败对手而登上狮群的领导地位，但守住这个位置并不容易，很多刚成年的雄狮和"流浪汉"会向首领发起挑战。面对挑战，首领必须拼尽全力保住自己的位置。它先向对手发出威吓式的警告，在警告无效后，两只雄狮的争斗便在滚滚烟尘中展开。

量力而行

雄性鹿角虫长着长长的颚，看上去很像一对角。繁殖期，雄性鹿角虫通过力量角逐来决定谁有更多的交配权。搏斗之前，雄性鹿角虫会互相打量，如果觉得对手过于强大，那么力量小的一方会主动放弃。争斗时，雄性鹿角虫会用颚将对手高高举起再扔出去。

示威与打斗

雄狒狒之间有地位高低之分，处于低等级的雄性经常会向上级发起挑衅。它们先是嚎叫争吵，接下来拍打地面向对方示威，如果挑战者不放弃，那么一场混战就开始了。等级低的狒狒会因胜利而提高自己在群内的位置。

惨烈的竞争

一到繁殖期，公羊们会为得到更多配偶而战斗，它们用角互相顶撞，山谷中回荡着撞击的"砰砰"声。这种战斗很惨烈，很多公羊因被撞下山谷而致死或致残。

雄狮长着粗大的尖牙和巨大锋利的爪子，这是它争斗的武器。年轻的雄狮一旦获胜，它可能会驱逐或杀死前任首领的后代。

共同负担

有组织有计划

虎鲸会采用团体出击的方式捕猎，它们之间通过从隆额发出的超声波互相联系和沟通，并策划战术，再合力将鱼群集中成一个大球，然后轮流钻入取食。

同时求爱

火烈鸟非常享受群居生活，它们一起活动，一起进食，甚至一起求偶。雌火烈鸟们会选择符合心意的雄火烈鸟交配，然后在同一时期产卵。

人多力量大，对于动物们来说也是一样的，群体生活虽然免不了摩擦，但是也带来了更多的便利。

雨季的非洲草原呈现出一片勃勃生机，非洲角马们就在这里惬意地生活着。但是到了旱季，草原变得枯黄，想要生存下去，角马们就不得不离开这里去寻找新鲜的植物。它们会大批地聚集在一起，成群结队地去寻找食物。角马们每天能行走大约48千米，行进速度是很快的。迁徙的途中，如果有一只角马发出认识路的信号，其他角马就会自然而然地跟随着它走。因此有经验的老角马一般会成为整个角马群的领导者。

跳舞传递信息

工蜂用舞蹈来传递蜜源信息：10米内跳圆圈舞，10～100米时圆圈舞逐渐变为"新月舞"，百米外则跳"摆尾舞"。摆尾舞跳得越激烈，表示蜜源越远。摇摆舞中，工蜂直线爬行部分每持续一定时间（如4秒），可能对应一定距离（如500米）。

团结同行

企鹅是群居性很强的动物，大多数时间里，它们不需要进行言语交流也可以保证自己各种活动的安全。假如有一只企鹅感觉饥饿准备捕食，其他企鹅就会与它一起出发；如果这只企鹅在下海之前发现疑似天敌海豹的身影而离开海边，其他企鹅就会不问理由地同它一起离开。

每当受到攻击的时候，为首的角马会带领群体快速逃跑。此时，年幼的角马紧紧地跟随成年角马，它们靠成年角马的保护躲避危险。

对孩子的教育

动物们也需要教育，只不过动物们教育子女的方式大多比较特别，有些在我们看来或许还有些残酷。

猎豹宝宝出生三个月后才断奶，这时，断奶的猎豹宝宝还需要跟着妈妈一起生活，并从妈妈那里学习捕猎和躲避天敌的技能。猎豹妈妈对子女的教育丝毫不敢懈怠。当捕捉到一只受伤的羚羊或斑马后，猎豹妈妈并不会马上将其咬死给孩子们吃，而是会故意放它逃走，然后敦促一直紧跟在身后的小猎豹们前去追赶。如果小猎豹们表现出懒惰和不情愿，猎豹妈妈就会毫不留情地扑打它们，直到它们明白妈妈的良苦用心。

系统的教育

狐狸妈妈对自己孩子的教育非常有系统性。它首先会将咬伤的田鼠放在小狐狸身边，让它们各自去咬、去打；然后要求小狐狸们与负伤的田鼠格斗；最后是实战，狐狸妈妈会带着孩子们到树林和田野中去捕捉田鼠。

残酷的训练

小鹰被孵化出来后，雌鹰会捕食喂养。待小鹰羽翼丰满，雌鹰便开启残酷的训练。雌鹰把小鹰带到悬崖上，然后狠心将其推下。小鹰为了求生，挣扎着奋力向妈妈飞去。

认真的示范

凶猛的雌狮将猎物扑倒咬伤后，会立即用吼叫声鼓励小狮子们前来撕咬，并给小狮子们示范如何撕开猎物的肚皮，取食猎物的内脏。

严厉的妈妈

雌羚羊是很严厉的母亲。刚出生的小羚羊在学会自己站立、走路和奔跑之前，羚羊妈妈是不会喂它一口奶的。如果不这样做，小羚羊以后会陷入更大的危险中。

小猎豹们正在追赶一只受伤的小羚羊，它们要在这个过程中学会怎样将猎物扑倒，怎样将猎物一击毙命，还要学会怎样守住猎物不被抢走。

私人领地，请勿靠近

短暂的共同生活

白犀牛性情温和，同类之间争夺领地通常不会出现致命的身体伤害。雄性白犀牛的领地比雌性白犀牛的领地小，但它们会允许处于次主导地位的雄性和雌性在它们的领地中活动，通常交配的雌雄白犀牛会在一起生活20天左右。

知更鸟主要生活在欧洲，它们被认为是和平友好的象征。知更鸟像我们人类一样，会对属于自己的东西有很强烈的独占欲。面对入侵它们领地的其他鸟类，知更鸟会表现得十分霸道。每到秋天的时候，知更鸟们会各自占领独立的领地，并且坚决抵抗入侵者。雄性知更鸟对入侵地盘者有很大的反应，就算没有被挑衅也会作出攻击，它会用翅膀和腿爪奋力攻击对手，并试图将对方压倒在地。

保护伴侣和孩子

丹顶鹤在繁殖期的时候，领地意识非常强。如果有其他动物闯入领地，它就会先发出警告，如果对方不肯离开，那么丹顶鹤会拼死搏斗，直到将对方驱逐出去。

强弱之分

雄性瞪羚的成活率较低。强壮的雄性瞪羚会用面部的腺体分泌化学物质来标记自己的领地，并驱赶进入领地的其他雄性，然后与领地内的雌性交配，它们的领地就是一个羚羊群的中心。

我是主人

我们习惯性地认为公鸡打鸣是在报晓，而事实上公鸡全天都会打鸣，打鸣是公鸡表明自己领地的一种方式。它们通过打鸣发出信号，表明这块领地已经有主人了。

　　知更鸟站在自己的地盘上，向上翘起嘴巴，展示它橘红色的胸羽来恐吓入侵者。当这种威吓不起作用的时候，它就会用尖嘴和利爪猛烈地攻击对方，直到对方落荒而逃。

15

其他警告方式

竖起长长的刺

豪猪看上去可爱，受到威胁时，它的反击力却很强大。它会将贴在体表的长长的刺竖起来，如果敌人不顾警告继续靠近，豪猪就会用屁股对准敌人，倒退着用臀部的长刺与敌人搏斗。

别看太阳角蜥体形小，它应对突发险情的能力却很强。遭遇敌人时，太阳角蜥通常会竖起身上的角，翘起背部，让自己看起来强大不可侵犯；然后它翻转身体，露出惨白的肚皮，这一般会把敌人吓跑。当敌人不顾警告执意冒犯时，它就会使出绝招——从特殊腺体或血管喷射鲜血。这个绝招常常要到性命攸关的时候才会施展。这种血液气味难闻，带刺激性，能刺激到敌人的眼睛、鼻子或者嘴等器官。

肚皮上的警告

火腹蟾蜍是一种小型两栖动物，腹部有颜色鲜艳的花纹。受到惊吓时，它会露出腹部醒目的色彩警告捕食者："我有毒，吃我你会中毒的！"

喷射呕吐物

乌信天翁雏鸟最大的"威胁"是南极最常见的捕食者——贼鸥。当贼鸥不顾警告靠近时，雏鸟会将嗉囊中的残余物喷向贼鸥。那些残余液体的气味极其难闻，令贼鸥退避三舍。

臭味液体

臭鼬一般会先用黑白色的身体警告敌人离远点。当这样的警告未被理睬时，臭鼬便会转过身，向敌人喷射一种恶臭的液体，刺激敌人的眼睛、鼻腔等，那强烈的臭味在方圆约800米的范围内都可以闻到。

太阳角蜥长得很古怪，它的头部长有很多角，身上还包裹着带刺的鳞片，看上去很像披着铠甲的武士。太阳角蜥斑驳的肤色和纹理让它们轻易地与地表融为一体，避免了很多危险。遇到敌害时，它眼睛附近的腺体或血管会"喷"出鲜血，迷惑并吓跑那些想捕食它们的动物。

17

制造假象

彩色的喉袋

安乐蜥是一种长着绿色皮肤的蜥蜴，喜欢在树上生活。一只处于求偶期的雄安乐蜥与其他雄蜥相遇的时候，它会将喉袋鼓起来，显现出鲜艳的颜色，告诉对手："不要胡来，否则要你好看！"

阳光下的错觉

斑马身上的黑白花纹也具有迷惑性吗？当阳光或月光照在斑马身上的时候，光会发生散射，使斑马的身体轮廓看上去比实际要模糊，从而隐藏自己。

在残酷的自然环境中，很多动物为了生存和战胜强大的敌人而不得不"撒谎"（伪装或威慑）。动物"撒谎"一般是在身体上做文章。

澳洲伞蜥生活在澳洲大陆干燥的草原、灌木丛和树林中。它的脖子上长着一圈皮膜，撑开以后很像伞，因此得名。澳洲伞蜥能用灵活的后肢在树木间穿行，主要捕食蟑螂、面包虫和蟋蟀等昆虫。当澳洲伞蜥生气或受到威胁时，它便将"伞"打开，并张开大嘴巴，使自己看起来十分可怕。这种把戏往往让捕食者不知所措。

充气的大鼻子

冠海豹生活在北冰洋海域中。雄性冠海豹的鼻子和前额上有非常大的充气囊，气囊在求偶期会鼓起来，这样，冠海豹的身体看上去要比平时大很多。气囊会呈现鲜红色，雄性之间以此进行炫耀。

警示性的叫声

鸡宝宝刚刚出生不久，鸡妈妈正带着它们四处觅食玩耍。一旦有其他不怀好意的动物靠近，鸡妈妈便会将全身的羽毛竖起来，并发出警示性的叫声。

澳洲伞蜥在地面上活动时，主要
用后肢站立和行走，这一点有别于
其他蜥蜴。奔跑时，它摆动身体和尾
巴，使行动变得更快速、灵活。

合作共赢

很多动物为了生存或者其他特定目的，相互之间会进行合作。

生活在非洲的蜜獾和黑喉响蜜䴕是一对好伙伴，蜜獾喜欢吃蜂蜜却苦于找不到蜜源，响蜜䴕对方圆区域内的蜂巢了如指掌，但它力量微薄，靠自己破不开蜂巢。所以有着同样需求的蜜獾和响蜜䴕就达成了合作共赢协议。响蜜䴕见到蜜獾就会不停地鸣叫发出信号，蜜獾边回应边跟着响蜜䴕走。找到蜂巢后，蜜獾用强有力的爪子扒开蜂窝取食蜂蜜，作为回报，蜜獾会把蜂蜡和少量的蜂蜜留给响蜜䴕。

楔齿蜥和海鸥

在新西兰的岛屿上，楔齿蜥与海鸥和平共处着。它们共同生活在铺了厚厚树叶的山洞中。楔齿蜥在洞中产卵，洞的另一边，海鸥妈妈则淡定地给孩子们喂食。

鳄鱼和燕千鸟

凶猛的鳄鱼令人敬而远之，但它对燕千鸟却非常温柔。鳄鱼饱餐之后会懒洋洋地躺在河边，张开大嘴，让燕千鸟为它清理口腔。燕千鸟则把鳄鱼牙缝里的肉渣和寄生虫等吃掉。

牛背鹭和水牛

牛背鹭跟在水牛身后，捕食被水牛驱赶的飞虫，它时常落在水牛背上歇息，并帮水牛捉皮毛中的寄生虫。出现危险的时候，牛背鹭还会向水牛报警。

寄居蟹和海葵

海葵依附在寄居蟹的螺壳上，随着寄居蟹四处走动而移动，扩大捕食范围；对寄居蟹来说，海葵不仅能让自己看起来更强大，还能帮忙抵御小型天敌。

蜜獾和响蜜䴕（liè）都很饿，响蜜䴕一边鸣叫着一边向它知道的蜂巢飞去，蜜獾则紧紧跟随响蜜䴕，它们要通过合作一起获得食物。

表达情绪

动物们与我们一样拥有各种情绪，并通过特定的方式进行表达。

当大猩猩不高兴或受到威胁的时候，它通常会龇牙咧嘴地捶打胸膛，好像在说："看我多么强壮和凶猛，千万别惹我！"当感到喜悦的时候，它会咧开嘴微笑；当感到不满的时候，它会摇头示意；当同伴感到沮丧时，它会毫不吝啬自己的拥抱和亲吻。在用亲吻表示安慰时，它会张开嘴靠近同伴，亲吻头顶或后背；而用拥抱表示安慰时，它一般会用单臂或双臂环抱同伴。

吠叫或摇摆尾巴

狗发出音调很高的叫声，可能表示它很兴奋、好奇或是警告有潜在的威胁。现在狗的吠叫不一定代表攻击，更多时候是表达"快点来做游戏"或"很高兴看到你"的意思。另外，狗摇晃尾巴通常表示它很高兴，而夹紧尾巴则表示它很紧张或有些害怕。

翻下耳朵或鸣叫

马的情绪是很多样化的。它露出眼白的时候，表示此时很兴奋或很害怕。马发出的声音与它的情绪也是密切相关的，如长鸣表示受惊，低鸣表示友善，喷气表示不安或者兴奋等。

面对威胁

黑熊的性情通常是比较温和的，它之所以攻击人类，多半是它感到自己和家人的安全受到了威胁。这时，它会后腿着地站立起来，露出尖利的牙齿，口中发出很大的吼声。

竖起尖刺

当敌人出现时，刺鲀会吸入大量的水使身体迅速膨胀起来，同时它身上的刺也会一根根竖起来。这样敌人就难以下口了，如果对方执意要吞掉刺鲀，那它就要付出被扎得口破血流的代价。

大猩猩因粗犷的外表和巨大的身体而使人畏惧。但实际上，大猩猩是相当温和、善良、安静的素食主义者，只有受到威胁的时候才会变得凶猛无比。

看看我的反应

凤头鹦鹉的头上长着长长的羽毛，这些羽毛的状态会随着它们情绪的变化而变化。凤头鹦鹉情绪平静的时候，它会将自己的羽冠向后落下；当它的情绪处于兴奋的状态、生气的状态或者对某件事情产生浓厚的兴趣时，它的羽冠就会完全竖起来。

对于大多数动物来说，它们是没有表情的。然而哺乳动物是动物世界中比较特殊的一类，它们的表情非常丰富。

老虎是现存大型猫科动物中体型最大的，它们基本上奉行的是单身主义。老虎将有强烈气味的分泌物和尿液喷在树干上或灌木丛中，或用锐利的爪子在树干上抓出痕迹来标记自己的势力范围。当与竞争对手相遇时，老虎会先用自己的吼声进行警告，当这样的警告不起作用时，它们会翻转自己的耳朵，露出耳背上的白色斑点，这是一种战斗信号，表示：我已经做好准备了，如果你还不离开我就不客气了！

做好准备了

虎猫长得与老虎很像，它的表情和反应非常丰富多样。当它把眼睛睁得大大的时候，就是在暗示对手：别想冒犯我！如果对手执意要侵犯它的领地，虎猫会将自己的耳朵紧紧贴在头上，并张大嘴露出锋利的牙齿。

用耳朵和嘴巴表示 ▶

狼与同类或者其他动物交流的方式是多种多样的。当狼想要攻击猎物或者敌人时，它们会竖起耳朵，露出牙齿；当要进行防御时，它们会露出牙齿并将耳朵靠后；当它们放松耳朵，闭上嘴巴的时候，表示它们态度友好；当它们闭上嘴巴并将耳朵垂下的时候，则表示它们屈服或示弱。

　　老虎栖息在山林中，通常情况下，老虎会将自己领地内包括狼和熊在内的所有竞争对手全部赶走，以便保证自己有充足的食物。

共同生活

斑鬣狗的族群是一个永久的社会群体，并有高度发达的社会结构。斑鬣狗还保留着母系结构，一个群体的成员可能有5~90只不等，但是首领无一例外必须是雌性。同族群的斑鬣狗很少互相打斗致对手重伤，它们之间的矛盾都会以最快的速度解决。大叫或者用牙齿轻微地咬对方已经足够解决问题，但是如果局面失控，高一阶级的斑鬣狗就会出面加以干涉。

集体繁殖

鹈鹕非常喜欢群居生活，就连它们繁殖的时候，也是成群结队的。雄鹈鹕们向雌鹈鹕求爱的时候，会时而蹲伏在自己的领地上，时而在空中跳起"8"字舞，希望借此得到雌鹈鹕的欣赏。

集体防御

别看海象长相粗犷，若碰上了北极熊和虎鲸，海象们会聚在一起，实行集体防御，奋起反抗。这种反抗能保证大部分海象存活下来。

高智商群体

狼群之间会通过嗥叫声宣告领域范围。狼的智商很高，它们会通过叫声和气味沟通，集体捕猎。

责任重大

与斑鬣狗相反，大猩猩的群体一般是以一头雄兽为中心，一个大猩猩族群平均由10~15头成员组成，领头的雄兽有解决族群内部冲突、决定族群的行止和行动方向以及保障族群安全等任务。

　　斑鬣狗族群的生活总是围绕在巢穴附近，并且只有幼崽可以和母亲一起生活。这两只小斑鬣狗老老实实地与妈妈待在巢穴里，它们的妈妈偶尔会与它们互相舔舐，表达亲昵。

小心！我有毒

正当防卫

珊瑚蛇的毒素对人类的威胁仅次于响尾蛇。但事实上，珊瑚蛇伤人夺命的事件是少之又少的。这是因为珊瑚蛇多分布在人烟稀少的地区，当与人类正面接触时，它们多选择逃逸，迫不得已的情况下才会咬人自卫。

在动物世界中，大多数颜色鲜艳夺目的动物都是有毒的，虽然这些毒素不一定是针对人类的。很多动物利用鲜艳的颜色来保护自己，借以警告图谋不轨的动物们：看看我的颜色，我是有毒的，吃掉我对你没有任何好处！

箭毒蛙是世界上最美丽的青蛙，同时也是毒性最强的物种之一。它们的体形很小，通常在1.5～6厘米之间，通身色彩明亮鲜艳。这种警戒色让箭毒蛙不需要躲避敌人，因为攻击者通常不敢接近它们。

自卫反击

大部分鲉（yóu）都拥有非常鲜艳的颜色，且身上长有带毒的鳍棘，人被刺到后，会感到非常疼痛。

气味保命

七星瓢虫有很强的自卫能力。遇袭时，它们腿的关节处能分泌出一种难闻的黄色液体，敌人们太讨厌这种难闻的气味了，并认为那是有毒的，所以都对它们敬而远之。但其实，七星瓢虫是没有毒的，只是气味欺骗了敌人。

小心有刺

魟（hóng）鱼的性情很温和，但不代表魟鱼没有自卫反击的本领。它们的尾柄上有1～3根毒刺，如果不小心被它刺到，轻则红肿发热，重则丧命。

看！箭毒蛙昂首挺胸，好像在炫耀自己的美丽，又好像在警告企图来犯的敌人。箭毒蛙的毒性是很强的，最毒的箭毒蛙，一只蛙体内的毒素可以杀死10个成年人。

顺从与示好

温柔的示好

三趾鸥夫妇生活在悬崖上。当夫妇中的一个外出觅食返回鸟巢时，为避免遭到伴侣的误伤，它会通过叽叽喳喳的叫声或鞠躬来提醒对方。三趾鸥夫妇在传递信息的时候总是非常温柔，以防伤到孩子。

安抚情绪

当雄海狮想要打架的时候，雌海狮就用自己的身体或其他方式抚慰雄海狮，以安抚它的情绪，避免打架带来伤害。

逞凶斗狠从来都不是最明智的选择，不论是对动物还是对人类而言，适时表示顺从和示弱才有可能收获更多。

很大一部分猴子喜欢群居，但是群猴不能无首，它们需要一位强壮、勇猛的领导者来保证族群的秩序和安全。生活在中南美洲的猴群很有意思，当一只公猴取得猴王的地位后，它就不想再打斗了。如果有其他公猴来挑战，为了避免正面冲突可能带来的伤害，猴王会迅速抢过母猴怀中的幼猴，抱在怀中亲昵。来挑战的公猴怕打斗起来伤到幼猴，一般都会扫兴而归。

摆手示弱

鬃狮蜥之间会通过摆手来表示友好和示弱。它们将一条前腿抬离地面，然后缓慢地上下摆动或像画圈一样摆动。越是弱者就越常用这种动作来示弱。

绝对顺从

驴群里也有长幼尊卑之分。年长的驴如果心情不好，通常会竖起耳朵并露出牙齿。这时，年幼的驴最聪明的做法就是耷拉下耳朵，并低下头表示绝对顺从，以防年长的驴发脾气误伤自己。

当猴王抱着幼猴面对挑战者的时候，它通常只表达一个意思：我不想打架。这让挑战者感到很是无可奈何。但是当这个挑战者有一天登上猴王的宝座，面对其他公猴的挑战时，它也会如法炮制。

31

享受相聚时刻

特殊时期

海象非常享受群居生活，平时相互间都能和平相处。但到了繁殖期，雄海象要保证自己的伴侣和孩子的安全，当其他雄海象想要进入它的领地时，它会怒吼或与之打斗。

亲密关系

哀鸽也喜欢群居，但是到了繁殖期，哀鸽伴侣通常在外独居，享受"二人世界"。它们会用尖尖的嘴为对方梳理羽毛，让彼此的感情更加亲密。

野生动物的思维不如人类发达，但它们拥有保证自己安全的生存本能。有些动物即使过着群居生活，也会尽量保留私人空间。但是当一些特殊时期到来的时候，比如到了繁殖期，它们就会发出信号，吸引异性靠近自己，共同繁殖下一代。

雪豹平时非常喜欢独来独往——独自享受食物的时光总是很惬意的。到了发情期，这种习惯会有所改变。雄性雪豹会使用各种手段来展示力量和魅力，吸引雌雪豹与之交配并共同生活一段时间，然后再恢复单身生活。

组成家庭群

繁殖期，雄海豹们很容易因为争夺和雌海豹的交配权而产生争斗。因此在这个时期，海豹们是不集群的。等雌海豹产下小海豹，它们会组成家庭群，这个家庭群会一直维持到小海豹断奶。

短暂相伴

"一山不容二虎"，老虎是独居动物，它们只在一些特殊情况下才生活在一起。到发情期的时候，雄虎和雌虎会短暂地相伴在一起；雌虎在自己的孩子还未成年的时候，会与它们一起生活，带领它们捕食猎物；另外，同胞的兄弟姐妹成年后刚刚离开母亲时，会短暂地生活在一起，直到它们不得不各奔东西。

在特定的时节，如发情期，相互有好感的雄雪豹和雌雪豹会短暂地相聚。在这期间它们会形影不离地生活在一起，非常亲昵。

照顾和看护

繁殖期的雌燕鸥因为孕育生命而无法自行捕食，它只能在饥饿的时候向雄燕鸥发出信号索要食物。雄燕鸥收到信号后，会毫无怨言地马上外出为自己的伴侣觅食。

紧紧跟随

负鼠宝宝刚出生时被妈妈放在自己的育儿袋里抚养，可是当宝宝们渐渐长大的时候，育儿袋已经装不下它们，它们就会紧紧地贴在妈妈的肚皮上。

动物也是非常爱自己的孩子的，有些动物宝宝独立得很晚，动物妈妈就要不辞辛苦地悉心照料，直到它们可以独立生活。

小袋鼠就是让妈妈很操心的孩子。小袋鼠只在妈妈的肚子里待30~40天就出生了，出生时非常小，所以它会马上进到妈妈的育儿袋里。小袋鼠四五个月的时候很调皮，袋鼠妈妈只好不厌其烦地看护它。再过几个月，妈妈的育儿袋就装不下它了，它只好离开温暖的育儿袋，但是它仍然会活动在妈妈的附近，以便随时得到妈妈的保护。

懒妈妈和懒宝宝

树懒可以称得上是世界上最"懒"的动物了，但是在面对自己的孩子的时候，它算得上是不辞辛苦了。小树懒每天都紧紧地趴在妈妈的胸前，完全依赖妈妈生活。

◀ 形影不离

大食蚁兽会在每年春天的时候生宝宝，每一胎只生一个宝宝。大食蚁兽妈妈非常疼爱自己的宝宝，它会不辞辛苦地将宝宝背在背上，形影不离，直到食蚁兽妈妈再一次怀孕为止。

妈妈的育儿袋已经无法装下这只小袋鼠了，但是它还没有能力离开妈妈独自生活。现在，它觉得有点饿，于是它就把头伸到妈妈的育儿袋里，吮吸香甜的奶水来填饱肚子。

35

我是向导

黑脉金斑蝶

黑脉金斑蝶俗称帝王蝶，以其壮观的迁徙行为闻名。在北美洲，黑脉金斑蝶于8月向南迁徙，春天再向北回归。雌蝶会在迁徙的终点或沿途的适宜地点产卵。迁徙回到北美原住地的黑脉金斑蝶已是第二、第三或第四代了。这种迁徙可能受遗传因素影响，具体机制尚待研究。

领头鹿

驯鹿每年会进行一次长达数百千米的迁徙。春天来到时，驯鹿群会离开越冬地向北方的繁殖地迁徙，通常经验丰富的成年驯鹿领头，其他驯鹿则紧紧跟随，队伍井然有序。

大雁是非常出色的旅行家，每年秋天它们都会从西伯利亚飞行数千千米到我国南方越冬，并在第二年春天再飞回西伯利亚繁殖。在迁徙过程中，雁群的组织非常严密。它们通常会排成整齐的"人"字形或"一"字形飞行，领头雁通常是雁群中最有经验的大雁，负责引领整个雁群的飞行方向。飞行途中，它们会不断地发出"嘎嘎"的叫声，这种叫声不仅是雁群成员之间交流的工具，还用于指示飞行方向、保持队形，以及在必要时提醒成员起飞或停歇休整。

臭迹标识

外出遛狗时，我们经常能看到它们在路上大小便。这并不代表狗不讲卫生，它们是为了留下气味标记，与其他狗交流或标识领地。

循着气味回家

木蚁群依赖工蚁外出觅食。工蚁们能在外出的路途中留下一种特殊的气味。同一族群的工蚁们都对这种气味非常熟悉，只要循着气味走，就可以安全回巢了。

冬天就要来了，这个雁群为了生存不得不迁徙到温暖的南方去。领头的雁已经对整条迁徙路线非常熟悉了，这次迁徙还是由它来领队。

识别宝宝

动物妈妈们是如何在众多同类宝宝中准确地找到自己宝宝的呢？原来，动物妈妈们通常靠相貌、气味或者叫声等方式来分辨自己的孩子。

斑马妈妈在经过 11 ~ 13 个月的孕育后顺利产下斑马宝宝。与人类一样，每个斑马宝宝的"长相"也是不同的。斑马宝宝还在妈妈肚子里的时候，一种固定的、间隔相同的条纹就已经在斑马宝宝的身上形成了。斑马妈妈主要就是靠宝宝身上特殊的花纹来识别自己的宝宝的。

粗心的妈妈

苇莺一时疏忽，让大杜鹃在自己的巢里产了卵。大杜鹃的孵化期要比苇莺短，杜鹃雏鸟体格更强壮，它刚一破壳，就本能地将巢中的苇莺的卵及雏鸟推出巢外。苇莺对这些并不知情，所以它会将所有的精力都花在照顾大杜鹃雏鸟身上。

分辨叫声

小麻雀和妈妈走散了，小麻雀会每隔一小会儿就发出叽叽喳喳的叫声，告诉妈妈自己的位置。麻雀妈妈能通过小麻雀的叫声分辨它是不是自己的孩子，直到找到自己的孩子。

斩草除根

狮子们喜欢群居在一起，小狮子宝宝在族群中享受着精心的照顾，但是这种幸福生活在年轻力壮的雄狮到来的时候戛然而止。年轻的雄狮打败狮群的头领，接下来，就会开始清理狮群，杀死不属于自己的孩子。

对的味道

对于绵羊来说，声音和气味是辨识过程中非常重要的两个方面。绵羊妈妈会不断地呼唤小羊，小羊也会不断地发出声音回应。另外它们还会用鼻子嗅对方的气味来进行辨认。

这只斑马宝宝紧紧地跟随着妈妈，它刚出生不久，对这片草原还非常陌生。即使是这样，它们一点也不担心会不小心走散，小斑马可以通过花纹找到妈妈。

向同伴报警

当遭遇外来威胁的时候，野生动物们会通过各种方式向自己的同伴发出警报，通知它们快些逃跑。

生活在非洲大草原上的长颈鹿家族很少发出声音进行交流，并不是因为它们没有声带，而是它们特殊的身体结构，让它们的发声变得很费力气。长颈鹿的身高优势能让它们尽早发现远处潜在的危险，这时，它们会突然开始一阵猛烈的惊跑，这样的行为很突然，但是足以引起族群成员的注意。接收到危险信号的长颈鹿会在危险到来之前迅速撤离。

大声地嘶叫

斑马的视力很好，可以同时看见远处的东西和近处的东西。它们的听觉也很敏锐，通常在进食的时候也会警惕地竖起耳朵，防止突然到来的袭击。斑马们在觅食的时候会由群体成员轮流担任警戒任务，一旦有危险便发出长嘶的警告信号，群体会立即停止进食，迅速逃跑。

敲击和摆尾

野兔在平时休息的时候，白色的短尾巴会被很好地隐藏起来。但是当感觉到危险的时候，它们会先用长长的后腿猛烈地敲击地面，然后迅速逃跑。在逃跑的过程中，它们会不断摆动自己的尾巴。其他的野兔就知道危险来临，该逃跑了。

卷卷尾巴

对于野猪来说，族群成员之间最行之有效的报警方式是尾巴动作的变化。在平时，野猪们总是把自己的尾巴悠闲地甩来甩去，但是一旦遇到危险，它们就会把尾巴竖起，并在尾尖上打一个小卷，向同伴通报：这里有危险，快跑！

这只长颈鹿发现远处有几个鬼鬼祟祟的身影，警觉的它马上猛烈地奔跑起来，其他长颈鹿接收到了危险信号，也准备跟随它一起逃跑。对于它们来说，安全才是最重要的。

特殊的信号

求婚与逃婚

某类蝴蝶交尾前，雄蝶会对雌蝶做一系列行为"求婚"。有时，不需一只交尾的雌蝶在空中飞时，可能被好几只雄蝶追逐求爱。雌蝶会与它们绕圈飞舞，一起上升到高空，然后雌蝶突然收翅而下，急速降落。这是雌蝶逃避求偶的本能，可以帮雌蝶顺利脱身。

宣布所有权

雄鼯鼠的额头上长有特殊的气味分泌腺，找到心仪的雌鼯鼠时，雄鼯鼠会用自己的气味在雌鼯鼠身上留下记号，以警告其他雄鼯鼠：它已经有伴侣了。

动物之间传递信号的方式多种多样，最常见的是通过叫声传递特定信息。但是有些动物不会发声，还有一些动物发出的信号不需要通过声音传递。

一些种类的萤火虫中，雄虫在飞行时会发光。夏夜，闪闪发光飞舞的流萤是雄萤火虫在寻找雌萤火虫。雄萤火虫发出的荧光是有规律的，它们每隔一段时间发出一次信号，然后耐心等待雌萤火虫的闪光回应。如果雌萤火虫发现了雄萤火虫发出的信号，就会发出自己的闪光信号作为回应。经过几次对光传达信息之后，雄萤火虫就会飞下来与雌萤火虫交配。

安全密信

鹿的额角或口角附近长有一种能分泌强烈气味的腺体，鹿靠它向同伴传达信息。鹿用脸在沿途路过的树干上来回蹭几下，以此留下气味标记传达信息。

绅士地求婚

雄信天翁向心仪对象求婚时，会发出独特的叫声，再以一种非常绅士的姿态鞠躬致意。此外，雄信天翁还会展示复杂的飞行动作或特定的身体姿态。

成群的雄萤火虫低低地飞行，仔细寻找着愿意与它们结为伴侣的雌萤火虫。这只雌萤火虫努力爬上了草尖，并让自己发出的荧光更亮一些，静静地等待雄萤火虫的到来。